Sumit Rai

Efeito da gestão integrada de nutrientes na produtividade da cebola

Sumit Rai

Efeito da gestão integrada de nutrientes na produtividade da cebola

ScienciaScripts

Imprint

Any brand names and product names mentioned in this book are subject to trademark, brand or patent protection and are trademarks or registered trademarks of their respective holders. The use of brand names, product names, common names, trade names, product descriptions etc. even without a particular marking in this work is in no way to be construed to mean that such names may be regarded as unrestricted in respect of trademark and brand protection legislation and could thus be used by anyone.

Cover image: www.ingimage.com

This book is a translation from the original published under ISBN 978-3-659-85889-5.

Publisher:
Sciencia Scripts
is a trademark of
Dodo Books Indian Ocean Ltd. and OmniScriptum S.R.L publishing group

120 High Road, East Finchley, London, N2 9ED, United Kingdom
Str. Armeneasca 28/1, office 1, Chisinau MD-2012, Republic of Moldova, Europe
Printed at: see last page
ISBN: 978-620-2-00532-6

Copyright © Sumit Rai
Copyright © 2024 Dodo Books Indian Ocean Ltd. and OmniScriptum S.R.L publishing group

Índice

CAPÍTULO 1

INTRODUÇÃO

Allium cepa L., geralmente designada por "cebola de jardim" ou "cebola de bolbo", é a cultura de bolbo mais importante e amplamente cultivada como bienal na América do Norte, Europa e Ásia. No que respeita à produção, a Índia ocupa o segundo lugar, com 5,5 milhões de toneladas, a seguir à China (9,793 milhões de toneladas) [Organização das Nações Unidas para a Alimentação e a Agricultura (FAO); 2005]. A cebola, um dos legumes mais antigos conhecidos pela humanidade, é encontrada num grande número de receitas e preparações que abrangem quase todas as culturas do mundo. As cebolas podem ser utilizadas (geralmente picadas ou fatiadas) em quase todos os tipos de alimentos, incluindo alimentos cozinhados e saladas frescas e como guarnição picante. Consoante a variedade, uma cebola pode ser picante, condimentada, picante e pungente ou suave e doce. As cebolas são muito utilizadas na Índia e no Paquistão e são fundamentais na cozinha local. São normalmente utilizadas como base de curies ou comidas como prato principal ou como acompanhamento.

Existem várias fontes de nutrientes de origem orgânica disponíveis no país, nas quais a FYM é amplamente utilizada como adubo orgânico, mas a disponibilidade de FYM não é adequada, pelo que se torna necessário, na situação atual, procurar outra fonte de adubo orgânico e, provavelmente, a Índia tem um potencial muito elevado de recursos de adubo e resíduos orgânicos **(Ramaswami 1999)**. A vermicompostagem provou ser uma tecnologia eficiente para converter resíduos em adubo de qualidade **(Shinde e Rout 1999; Sharma *et al.* 2004)**. Estas fontes de adubo orgânico não só aumentam a disponibilidade de macronutrientes e micronutrientes **(Pandey *et al.* 2007)**, como também reduzem a utilização de fertilizantes químicos e mantêm a saúde e a produtividade do solo a longo prazo **(Mohanty *et al.* 1992)**. Os biofertilizantes são geralmente utilizados como inoculantes microbianos, que podem ajudar a aumentar a produtividade das culturas através do aumento da eficiência da fixação biológica natural do azoto, da solubilização da forma insolúvel dos nutrientes e da estimulação do crescimento das plantas. Os biofertilizantes foram desenvolvidos para um grande número de culturas hortícolas e a sua utilização aumenta o rendimento de 8-21% das culturas à superfície e de 25-50% das culturas subterrâneas, bem como aumenta a eficiência da utilização de nutrientes em 12-36% de N, 18-29% de P, 9-15% de K e 16-18% de S. (AINP on Biofertilizer Res. Report, 2004-2007 USS, Bhopal). A utilização de biofertilizantes como *Azotobacter* aumenta a eficiência da utilização de N. O potencial de fixação de N de *Azotobacter* varia de solo para solo, dependendo de uma série de factores ambientais e ecológicos **(Alexander, 1977)**. A inoculação de *Azotobacter* também foi considerada eficaz no aumento do teor de azoto na matéria seca da planta **(Badgire e Bindu, 1976)**. A inoculação com estirpes eficientes de *Azotobacter* contribui com cerca de 15-20 kg de N por hectare em diferentes culturas e a utilização integrada de bactérias solubilizadoras de P contribui com 30-35 kg de $P O_{25}$ ha^{-1} em solos naturais a ligeiramente alcalinos. No entanto, há falta de informação sobre o desempenho integrado de vermicomposto, *Azotobacter* e PSB em relação à produtividade e ao estado de fertilidade do solo num sistema de cultivo baseado em vegetais.

Neste contexto, o presente estudo, intitulado "O efeito de adubos orgânicos, fertilizantes químicos e biofertilizantes no estado de fertilidade do solo e no desempenho da cultura da cebola", foi realizado com os seguintes objectivos

i) Estudar o efeito da integração de adubos orgânicos, fertilizantes inorgânicos e biofertilizantes nas propriedades físico-químicas do solo.

ii) Descobrir o efeito da integração de adubos orgânicos, fertilizantes inorgânicos e biofertilizantes no desempenho da cebola.

iii) Determinar o efeito da utilização integrada de adubos orgânicos, fertilizantes inorgânicos e biofertilizantes na manutenção do estado de fertilidade do solo e na absorção de nutrientes pela cebola.

CAPÍTULO 2

REVISÃO DA LITERATURA

Apresenta-se em seguida uma breve descrição do trabalho anterior realizado sobre a gestão integrada da ureia, dos adubos orgânicos e do biofertilizante nas propriedades do solo e no crescimento, rendimento e absorção de nutrientes pela cultura da cebola

Brown *et al.,* 1962; Rovira, 1963 e Sundara Rao *et al.*(1963) relataram que a inoculação de sementes, plântulas ou solo com *Azotobacter* aumenta o crescimento de raízes, rebentos, forragem e rendimento de grãos de várias culturas como cereais, arroz, trigo, cevada, aveia, milho, sorgo, cana-de-açúcar.

Brenard (1963) relatou que o teor de amoníaco aumentou durante o período de aumento de *Azotobacter.* Em condições experimentais, 26-39% da quantidade total de azoto era amoníaco fixado. O amoníaco foi detectado perto do pH neutro e em condições de rápida multiplicação de bactérias estranhas

Gupta e Bajpai (1974) referiram que *Azotobacter,* um dos mais importantes fixadores de azoto não simbióticos, cuja população variava entre 0,0 e 12,0 x 10^3 /g de solo, com uma média de 5,8 x 10^3 , diminuía consideravelmente devido à salinidade e à alcalinidade. Houve uma variação bastante pequena na população bacteriana média dos diferentes grupos de reação do solo; os solos ligeiramente ácidos (22,7 milhões/g) apresentaram uma população mais elevada do que os solos muito ligeiramente ácidos (16 milhões/g) e medianamente ácidos (9,8 milhões/g). Este facto não foi consistente com a observação geral de que os solos neutros ou alcalinos contêm um maior número de bactérias. Parece, portanto, que nestes solos, outros factores. Para além do pH do solo, outros factores tiveram também uma influência considerável na determinação da população de bactérias.

Lehri e Mehrolra (1972) relataram aumentos de rendimento de até 50% em repolho e 62% em brinjal após inoculação com estirpes *de Azotobacter*. A fixação de N foi mais intensa no solo fracamente lixiviado de chernozen e no solo fracamente alcalino de castanheiro escuro. Na *rizosfera* do trigo e em solos fertilizados, a fixação de N foi mais ativa do que no solo sem plantas e sem fertilizantes.

Oblisami *et al.* **(1976)** observaram que os tratamentos com *Azotobacter* nas sementes, nas plântulas e no solo ajudaram a um bom crescimento inicial das plantas e a um melhor perfilhamento do arroz, quando aplicados em combinação com 75 por cento da dose recomendada de azoto fertilizante, a *Azotobacter* poderia compensar 25 por cento do azoto fertilizante e produzir o mesmo rendimento da cultura do arroz que o de 100 por cento do azoto fertilizante sem *tratamento com* Azotobacter, reduzindo assim o custo do cultivo.

Badgire e Bindu (1976) estudaram a resposta da cultura do trigo a três inoculantes diferentes *de Azotobacter*. As culturas inoculadas produziram mais rendimento de grãos e palha por hectare do que o controlo não inoculado. A inoculação com *Azotobacter* também aumentou o teor de azoto no grão e na matéria seca.

Agrawal e Sanoria (1978), considerando o efeito coletivo das culturas de *Azotobacter chroococcum* para todas as sementes de cereais, leguminosas e produtos hortícolas, não houve estimulação dos rebentos, enquanto as raízes mostraram estimulação. No entanto, uma concentração mais baixa revelou-se melhor do que uma concentração mais elevada para o crescimento dos rebentos.

Mozzherin (1978) referiu que o teor de matéria orgânica do solo por incorporação natural ou adicional influencia a atividade microbiana. Diferentes suplementos de matéria orgânica aplicados ao solo aumentam o número de microrganismos fixadores de N de vida livre. A contribuição das bactérias fixadoras de N de vida livre ascendeu a 7 kg N/ha em solo não tratado. A adição de palha de arroz aumentou ainda mais este valor para 25 kg N/ha **(Rao 1980)**. A fixação de N_2 aumentou com o aumento da concentração de celulose e palha de arroz, bem como com a adição de sulfato ao solo inundado com palha de arroz **(Durbin e Watanabe 1980, Reddy e Patrick 1979)**.

Omvan *et al.* **(1979)** estudaram o efeito da adubação e de diferentes fertilizantes azotados na matéria seca e no teor de azoto e na forma da planta de fava e cevada e verificaram que a matéria seca de ambas as culturas aumentou com o aumento da taxa de

F.Y.M.. O aumento foi acentuado quando o azoto também foi aplicado. A ureia foi superior na fava e o nitrato de amónio na cevada em relação à forma de N no aumento da formação e absorção da matéria seca. A F.Y.M. aumentou o teor de N total, amoníaco e NO_3 na planta.

Dhingra *et al*. (1979) descobriram que a aplicação de 10 toneladas de F.Y.M. ou 60kg $P_2 O_5$/ha produziu um aumento não significativo no rendimento. Não tiveram qualquer efeito na resposta da produção à inoculação de *Azotobacter*

Wani e Sinde (1980) referiram que a incorporação de palha de trigo não decomposta no solo, juntamente com os microrganismos para a sua decomposição, aumentou o rendimento da cultura do amendoim. Registou-se um aumento de 37% no rendimento quando a palha de trigo foi inoculada com *Penicillium digitatum* e a relação C/P foi ajustada para 65. O tratamento inoculado com uma relação C/P mais estreita deu um rendimento mais elevado do que os tratamentos com uma relação C/P mais larga inoculados com a mesma cultura. A absorção de N pela planta do amendoim aumentou devido à incorporação de palha e microrganismos.

Simon-sylvestre (1981) estudou o efeito do N na formação de húmus a partir de palha incorporada no solo numa experiência a longo prazo e concluiu que a palha incorporada no solo com ou sem sulfato de amónio mostrou que a decomposição é maior na presença de azoto mineral

Asija *et al*. (1984) estudaram o efeito dos métodos de preparação e enriquecimento na qualidade do estrume. Os estrumes constituídos por estrume de vaca e resíduos de forragem enriquecidos com fertilizantes (ureia, S.S.P e fosfato de rocha) apresentaram uma percentagem mais elevada de N quando preparados em fossas do que em montes. O rácio C:N das misturas em decomposição diminuiu com o tempo. A solubilidade em água do P do fosfato de rocha tendeu a aumentar, enquanto, em geral, a solubilidade em água do P de outras fontes diminuiu com a decomposição. O P orgânico em todos os tratamentos de enriquecimento aumentou com o tempo e foi o mais elevado no caso do fosfato de rocha aos 45-90 dias de decomposição. O pH, o carbono orgânico e o amónio mostraram uma diminuição, mas o nível de nitrato aumentou. Os teores de nitrato também foram maiores sob o enriquecimento com P do que no conteúdo. Os estrumes aumentaram significativamente os rendimentos de rebentos e raízes e a absorção de N e P do milho.

Lehri *et al.* (1986) relataram que a inoculação de plantas de arroz com algas e *Azotobacter* resultou numa produção bem marcada de arroz em comparação com a sua resposta individual, enquanto a resposta de suplementação da inoculação de algas foi considerada superior à de *Azotobacter* em ambas as variedades de arroz (LR.-8 e Saket-4).

Sivaswamy e Mahadevan (1986) referiram que o crescimento de *Azotobacter* aumentava 73% na presença de nitrato de sódio, mas com ureia não era estimulado, mas a adição de ureia ao tanliquor reduzia acentuadamente a população de *Azotobacter* nas fases iniciais e promovia-a nas fases posteriores

Negi *et al.* (1986) referiram que o solo emendado com palha de arroz e composto urbano, em geral, apresentava uma maior população de *Azotobacter* na *rizosfera* da cevada.

Gupta e Tripathi (1986) referiram que a população de *Azotobacter* era mais elevada na gama de pH do solo de 6,1 a 7,1, com uma redução drástica na gama de pH de 5,0 a 6,0, bem como de 7,1 a 8,7. A população de *Azotobacter* reduziu-se acentuadamente das colinas quentes e menos secas do sopé da Climosquence para as sub-alpinas e as mais alpinas.

Ramchandra e Rai (1987) relataram que o efeito significativo da inoculação mista no crescimento da planta e na acumulação de matéria seca foi obtido em comparação com a inoculação individual. A sinergia aumentou significativamente o azoto do rebento e da raiz da planta, que aumentou na presença de *Azotobacter*.

De acordo com Pillai *et al.* (1990), a aplicação de 30-50 % do total de nutrientes sob a forma de estrume orgânico melhoraria as propriedades físicas do solo, aumentaria a atividade microbiana, aumentaria a resposta por unidade de nutriente adicionado, facilitaria uma libertação lenta de nutrientes, reduziria as perdas de nutrientes e proporcionaria um aumento a longo prazo da fertilidade do solo. Concluíram que o fertilizante inorgânico poderia ser substituído por estrume orgânico até 25-50% do azoto total a aplicar, independentemente do nível de N.

Sharma e Mitra (1990) estudaram o efeito complementar dos fertilizantes orgânicos, biológicos e minerais no arroz e observaram uma melhoria acentuada da fertilidade residual do solo, estimada pelo carbono orgânico e pelo teor de N, P e K disponíveis, com a aplicação de matéria orgânica após a colheita. Verificou-se que o fertilizante mineral direto destas culturas era importante para uma maior produtividade no sistema de cultivo do arroz.

Mukherjee *et al.* (1991) referiram que o aumento da mineralização microbiana da matéria orgânica aumentou universalmente o azoto disponível no solo.

Debnoth *et al.* (1991) observaram que o teor de fósforo disponível aumentou significativamente com a incorporação de substratos orgânicos no solo. É bastante provável que os aditivos orgânicos produzam ácidos orgânicos durante o processo de decomposição, o que aumenta a disponibilidade de fósforo no solo.

Prasad e Rokima (1991) verificaram que os níveis de NPK adicionados em conjunto com estrume orgânico e algas verdes azuis aumentavam significativamente o teor de N e a absorção de N pelas culturas de arroz e trigo. Jana e Ghose (1991) referiram que a absorção de nutrientes N, P e K era maior quando 75 % dos fertilizantes eram aplicados como fontes inorgânicas e 25 % como fontes orgânicas no arroz da estação das chuvas, tal como na estação do inverno. A absorção máxima do nutriente pelo arroz foi registada quando 100% do NPK foi fornecido como fonte inorgânica.

Bhattacharya *et al.* (1992) relataram a superioridade de combinações de fertilizantes orgânicos e inorgânicos sobre fertilizantes inorgânicos isolados para aumentar a produtividade da cultura do arroz.

Nambiar et *al.* (1992) referiram que a resposta diferencial à substituição de N através de fontes orgânicas poderia provavelmente estar relacionada com as caraterísticas do solo destes locais, o fornecimento integrado de nutrientes melhorou o teor de carbono orgânico, o que se deveu obviamente à adição de matéria orgânica. **Srinivasu Reddy**

(1998) e Kulkarni *et al.* (1993) relataram efeitos benéficos semelhantes da gestão integrada de nutrientes em sistemas de cultivo de arroz.

Bhandari (1992) referiu que a aplicação de fertilizantes inorgânicos e a sua utilização combinada com os adubos orgânicos aumentaram o estado do carbono orgânico do solo. O fertilizante NPK a 100 % ou mais dos níveis recomendados e a sua utilização combinada com fontes orgânicas de N também aumentaram o N e o P disponíveis em 5-22 kg e 0,8-3,8 kg ha[1] , respetivamente, a partir dos seus valores iniciais.

Gupta *et al.* (1993) referiram que o teor de carbono orgânico e o fósforo extraível de Olsen da amostra de solo pós-colheita aumentaram com a aplicação de lamas de depuração. Mas a aplicação de fósforo aumentou apenas o P de Olsen e o carbono do solo não foi afetado.

Sharma e Bordoloi (1994) mostraram que a FYM produziu uma evolução constante do CO_2 e foi considerado o melhor material para a construção da matéria orgânica do solo.

Tran e Buresh (1994) opinaram que a aplicação de FYM pode substituir o fertilizante industrial no solo de cultivo de arroz. O FYM foi preparado através da compostagem de estrume grande com palha de arroz e contendo 25 kg N ha[1] . Aumentou o rendimento do grão de arroz nas estações da primavera e do verão no norte do Vietname.

Bhardwaj e Omanwar (1994) descobriram que o cultivo contínuo sem fertilização causou a matéria orgânica, N disponível, P, K, Fe, Zn e Cu, enquanto que o fertilizante contínuo e o efeito benéfico na matéria orgânica e N disponível, P e K do solo.

Soni e Singh (1994) relataram que o N mineralizado aumentou com o aumento da temperatura de 15 a 30°C e diminuiu a 45°C. O azoto mineralizado foi mais elevado no solo tratado com lamas do que no solo não tratado a cada temperatura. A taxa de nitrificação foi a mais rápida da capacidade de campo, seguida de 50 por cento da capacidade de campo e de humedecimento e secagem.

Panda (1995) referiu que a aplicação de estrume orgânico (F Y M) @ 51 ha[1] influenciou favoravelmente as propriedades físico-químicas do solo como a densidade aparente, a capacidade máxima de retenção de água, o teor de carbono orgânico e teve pouco efeito no P residual O_{25} e $K_2 O$ no solo.

Prasad *et al.* (1995) estudaram a utilização integrada de adubos verdes e orgânicos com fertilizantes químicos, o que resultou na acumulação de nutrientes disponíveis e foi muito mais eficaz do que a utilização isolada de fertilizantes químicos no aumento da produtividade das culturas e da disponibilidade de nutrientes em solos calcários. A utilização de estrume orgânico é muito promissora no sistema de cultivo de arroz-trigo, não só para assegurar níveis elevados de produtividade, mas também para evitar o aparecimento de deficiências múltiplas de nutrientes e melhorar a saúde do solo.

Rao *et al.* (1996) observaram que uma combinação de fontes de N orgânico e inorgânico resultou numa produção de arroz comparável à aplicação de N inorgânico sozinho. A aplicação de N inorgânico aumentou o rendimento do arroz em 45,8 em relação ao controlo não fertilizado. O aumento do rendimento deveu-se a um aumento do número de panículas por planta e do peso das panículas.

Dubey *et al.* (1997) efectuaram estudos sobre a gestão integrada de nutrientes para a produtividade sustentável dos sistemas de cultivo arroz-trigo e sorgo-trigo. A aplicação de nutrientes através de fertilizantes apenas durante a estação das chuvas (kharif) em ambas as sequências deu um rendimento de grãos mais elevado do que o obtido com a utilização integrada de fertilizantes e adubos orgânicos com o mesmo nível de fertilidade. Mas a produção total de grãos e os lucros por ano em ambas as sequências com 100 % da dose recomendada através de fertilizante foram iguais aos obtidos com 75 % da dose recomendada através de fertilizante + 6 t ha^{-1} FYM ou adubo verde e 50 % da dose recomendada através de fertilizante + 12 t ha^{-1} adubo orgânico para as culturas de kharif (arroz ou sorgo) juntamente com 100 % da dose recomendada para o trigo. O resultado indicou uma poupança de 25-50 % de fertilizante N dispendioso e a sustentabilidade da produção de grãos em ambos os sistemas de cultivo com o uso integrado de fertilizantes e adubos orgânicos.

Bar e Dhillon (1997) estudaram a aplicação de 5 níveis de N, 4 níveis de P e 3 níveis de K com ou sem adição de FYM em arroz-trigo. Verificaram que o valor da resposta do rendimento do produto adicional em relação ao nível anterior de N, o lucro ha[-1] , a taxa de resposta marginal e a taxa marginal de retorno diminuíram drasticamente com o aumento do nível de N do fertilizante, considerando a taxa marginal de retorno de Rs. 2,50 ou mais para cada rupia gasta em fertilizante N como óptima, a dose de N do fertilizante foi calculada em 125 e 100 kg Nha[-1] no arroz e 125 kg N ha[-1] no trigo com e sem FYM. Respetivamente, a adição de FYM aumentou o potencial de produção de arroz e trigo e economizou cerca de 25 kg N ha[-1] no arroz.

Elgala *et al.* (1995) relataram que a inoculação do solo com *Azotobacter* e VAM pode reduzir a taxa de fertilizantes químicos necessários para manter uma alta produtividade, o que pode levar à diminuição da poluição ambiental.

Raghuwansi *et al.* (1997) efectuaram uma experiência sobre biofertilizante com diferentes níveis de N no milho-miúdo durante a estação kharif de dois anos na estação de investigação de agricultura de sequeiro de Solapur. Os dados reunidos ao longo de duas épocas indicaram que a inoculação de sementes com *Azotobacter, Azospirllium* e a sua mistura aumentaram o rendimento de grão e de palha e *Azospirillium* + 50 kg N/ha produziu o rendimento de grão mais elevado (14,91)/ha, no entanto, foi igual ao rendimento de grão (13,13 grão/ha). Obtido com dupla inoculação *Azotobacter* e *Azospirillium* + 37,5 kg N/ha. Isto indicou a possibilidade de economia de N no painço de pera através da utilização de biofertilizante.

Kristoponyte (2000) referiu que a adição de 40 ha[-1] FYM resultou num aumento do teor de fósforo em 20 mg kg[-1] . O teor de K disponível através de

A aplicação de fertilizantes NPK e FYM aumentou em 30 mg kg he[-1] também constatou que a aplicação de fertilizantes N P K resultou numa redução de 10,3 % do teor de húmus no solo e de 4,2 - 5,3 % após a aplicação de fertilizantes organominerais.

Tiwari *et al.* (2002) referiram que foi observado um aumento significativo na absorção de N pelo milho e pelo trigo com a aplicação contínua de adubo orgânico e azoto. Os teores de N, P e K disponíveis no carbono orgânico do solo foram maiores nas parcelas tratadas com FYM do que nas parcelas tratadas com adubo verde, o adubo orgânico também aumentou os teores de DTPA = Zn extraível, Cu, Fe e Mn do solo.

Debek *et al.* (2002) verificaram que, no âmbito de experiências de campo estáticas a longo prazo. Verificou-se que as alterações nas propriedades microbiológicas e físico-químicas básicas do solo sob cultivo com aplicação de fertilizante mineral e orgânico de trigo de inverno.

Kisic *et al.* (2002) concluíram que a limitação combinada com taxas mais elevadas de fertilizantes minerais e de farinha de aveia, como medida para melhorar as propriedades físicas e químicas desfavoráveis dos solos ácidos, pode ser plenamente justificada.

Barzegar *et al.* (2002) descobriram que a aplicação de material orgânico aumenta significativamente o rendimento do trigo e aumenta a estabilidade dos agregados e a taxa de infiltração. A água retida a menos de 100 K Pa e diminui a densidade aparente do solo. A eficácia do bagaço compostado, da FYM e da palha de trigo na melhoria do rendimento do grão de trigo foi de 22, 14 e 3 % e o rendimento estável do trigo foi de 26, 17 e 4 % em relação ao controlo.

Kumar *et al.* (2003) estudaram as fontes orgânicas e inorgânicas de nutrição na produtividade do arroz. O efeito dos resíduos de culturas, das doses de azoto e da aplicação de FYM ao arroz e à palha de trigo @151 ha[1] resultou num valor mais elevado de atributos de rendimento e de produção.

Yadav *et al.* (2003) referiram que a aplicação de estrume orgânico melhorou os atributos de rendimento e o rendimento do trigo. Aplicação de composto de palha de siliqua mustered indiana @ 101 ha[1] . Rendimento por com 10 t ha[1] FYM no trigo. A integração de composto de FYM @ de 10 t ha[1] com 90 kg N ha[1] resultou num rendimento máximo de grão e palha de trigo. Obteve-se uma absorção significativamente mais elevada de azoto e potássio no grão e na palha com a aplicação de 90 kg de N + 10 toneladas de composto de palha de mostarda siliqual de FYM ha[1] em comparação com outros tratamentos.

Sharma *et al.* (2005) referiram que os efeitos benéficos da inoculação de estirpes locais com níveis de fósforo eram discerníveis no aumento da produção de vagens verdes e de matéria seca, porque o fósforo adicional pode ter estimulado a taxa de fixação simbiótica de azoto e, por sua vez, aumentado o crescimento das plantas.

Mandal e Adhikari (2005) relataram que a altura da planta, os perfilhos efectivos por colina, o número de grãos por penícula, o peso de 1000 grãos e o rendimento de grãos foram significativamente mais elevados no tratamento que aplicou 50 % de N através de fertilizante químico e 50 % de N através de FYM, seguido do tratamento que recebeu 75 % de N através de fertilizante químico e 25 % de N através de FYM; no entanto, o maior rendimento de palha foi registado no tratamento que recebeu 75 % de N através de fertilizante químico e 25 % de N através de FYM. O índice de colheita mais elevado foi obtido com o tratamento que aplicou 50 % de N através de fertilizante químico e 50 % de N através de FYM.

Marathe e Bharambe (2007) relataram as alterações nas propriedades do solo influenciadas pela aplicação única e combinada de adubos orgânicos, fertilizantes inorgânicos e biofertilizantes e a sua resposta no rendimento e na qualidade da laranja doce cultivada em Udic Haplustert durante 2002-2004. Entre as propriedades físicas do solo, apenas as propriedades hidráulicas do solo influenciam significativamente tanto o rendimento como a qualidade dos frutos. As alterações dos nutrientes disponíveis no solo foram concluídas positivamente e possivelmente desempenharam um papel dominante na regulação do rendimento dos frutos.

Bhandari *et al.* (2008) realizaram uma experiência de campo a longo prazo em gestão integrada com FYM, adubo verde e resíduos de culturas e fertilizante inorgânico no sistema arroz-trigo da Universidade Agrícola de Punjab, Ludhiyana, desde 1993. O efeito da matéria orgânica e do fertilizante inorgânico nas propriedades do solo e no rendimento de grãos de arroz e trigo foi estudado após 8 anos de ciclo de cultivo numa areia argilosa. A incorporação de resíduos de culturas, juntamente com 50% de N P K e FYM ou adubo verde, contribuiu para satisfazer 50% das necessidades de N P K do arroz. A aplicação a longo prazo de resíduos de culturas e adubos orgânicos aumentou o teor de carbono orgânico do solo. A utilização combinada de resíduos de culturas, adubos orgânicos e fertilizantes químicos aumentou significativamente a disponibilidade de N P K S e de micronutrientes no solo em relação aos fertilizantes químicos isolados.

Desai *et al.* (2009) relataram a integração benéfica de fertilizantes N & P com bactérias solubilizadoras de P (PSB), resíduos de culturas, FYM, ou pressmud ou com biocomposto num Haplustepts Verticais. A aplicação de PSB foi eficaz quando aplicada com P inorgânico e N resultou na colheita de maior biomassa.

Sharma *et al.* (2009) realizaram uma experiência sobre a integração de vermicomposto e FYM na sequência quiabo-cebola em dois anos de colheita (2003-2005) na Zona Temperada Húmida de Himachal Pradesh. O uso integrado de adubos orgânicos, *ou seja,* FYM e vermicomposto, juntamente com fertilizantes químicos, aumentou significativamente o rendimento, o conteúdo e a absorção de NPK pelo *quiabo* e pela cebola, em comparação com o uso exclusivo de fertilizantes químicos. Em geral, o aumento do rendimento com meia dose de vermicomposto (5 t ha^{-1} no *quiabo* e 12,5 t ha-1 na cebola) foi comparável com o dobro da dose de FYM (10tha^{-1} no *quiabo* e 25 t ha^{-1} na cebola), demonstrando que a dose de adubo orgânico atualmente utilizada (FYM) pode ser reduzida em 50% sem sacrificar o rendimento.

CAPÍTULO 3

MATERIAIS E MÉTODOS

A presente investigação, intitulada *"Efeito da utilização integrada de estrume orgânico, fertilizantes inorgânicos e biofertilizantes nas propriedades físico-químicas do solo e no desempenho da cultura da cebola"*, envolveu uma experiência de campo realizada durante a estação rabi do ano 2009, seguida de uma análise laboratorial de amostras de solo e de plantas no departamento de Química Agrícola e Ciência do Solo, Udai Pratap Autonomous College, Varanasi. Os pormenores relativos aos materiais utilizados e aos métodos empregues são apresentados neste capítulo:

3.1 **Local da experiência:** As experiências de campo foram realizadas no formulário de investigação do Departamento de Química Agrícola e Ciência do Solo, Colégio Autónomo Udai Pratap, Varanasi, durante o inverno, época Rabi 2009-10. A situação geográfica da exploração situa-se a 25° 8' de latitude norte e 88° 03' de longitude leste e 128° 93'm acima do nível médio do mar.

3.2 **Solo experimental:** O solo de Varanasi, formado em aluvião depositado pelo rio Ganges, tem predominância de minerais de ilite, quartzo e feldspato. Os minerais de ilite são parcialmente herdados das micas, que são predominantes nas fracções de areia e silte. A maioria dos solos da divisão de Varanasi foi classificada na ordem dos solos Inceptisol (Udic Ustochrept) e o solo do sítio experimental também se enquadra na mesma ordem. As propriedades iniciais da área do solo experimental são apresentadas no quadro 1. A leitura do quadro torna claro que o solo do sítio experimental era normal do ponto de vista agrícola.

S.N.	Parameters	Content
1.	Bulk Density (g cm^{-3})	1.51
2.	Particle Density (g cm^{-3})	2.65
3.	pH (1:2.5)	7.85
4.	EC (dSm^{-1})	0.32
5.	Organic Carbon (%)	0.42
6.	Water Holding Capacity (%)	41.5
7.	Available Nitrogen (kg ha^{-1})	192.5
8.	Available Phosphorus (kg ha^{-1})	10.5
9.	Available Potassium (kg ha^{-1})	168.5
10.	Available Sulphur (kg ha^{-1})	6.8

Tabela -1: Propriedades físico-químicas iniciais do lote experimental.

3.4 Detalhes experimentais

3.4.1 Detalhes do tratamento

Os pormenores dos vários tratamentos aplicados à cultura da cebola são os seguintes

Ti=Trama de controlo

T_2 =100% Dose recomendada de N, P, K (100: 50: 50)

T_3 =50% N através de FYM + 50% N através de ureia.

T_4 =50% N através de vermicomposto + 50% N através de ureia

T_5 =50% N através de FYM+ 25% N através de ureia + PSB +

Azotobacter

T_6 =50% N através de vermicomposto + 25% N através de ureia

+PSB + Azotobacter

3.4.   2Desenho e disposição:

Os tratamentos foram triplicados em um delineamento de blocos casualizados (RBD).

Os pormenores da disposição são apresentados na Fig. 1.

1. Número de tratamentos	6
2. Número de réplicas	3
3. Número total de parcelas	6x3 = 18
4. Superfície líquida de 1 parcela	3,5m x 2m = 7m²
5. Canal de irrigação principal	1.0m
6. Canal de sub-irrigação	0.5m
7. Cultura de ensaio	Cebola
8. Variedades	N-52

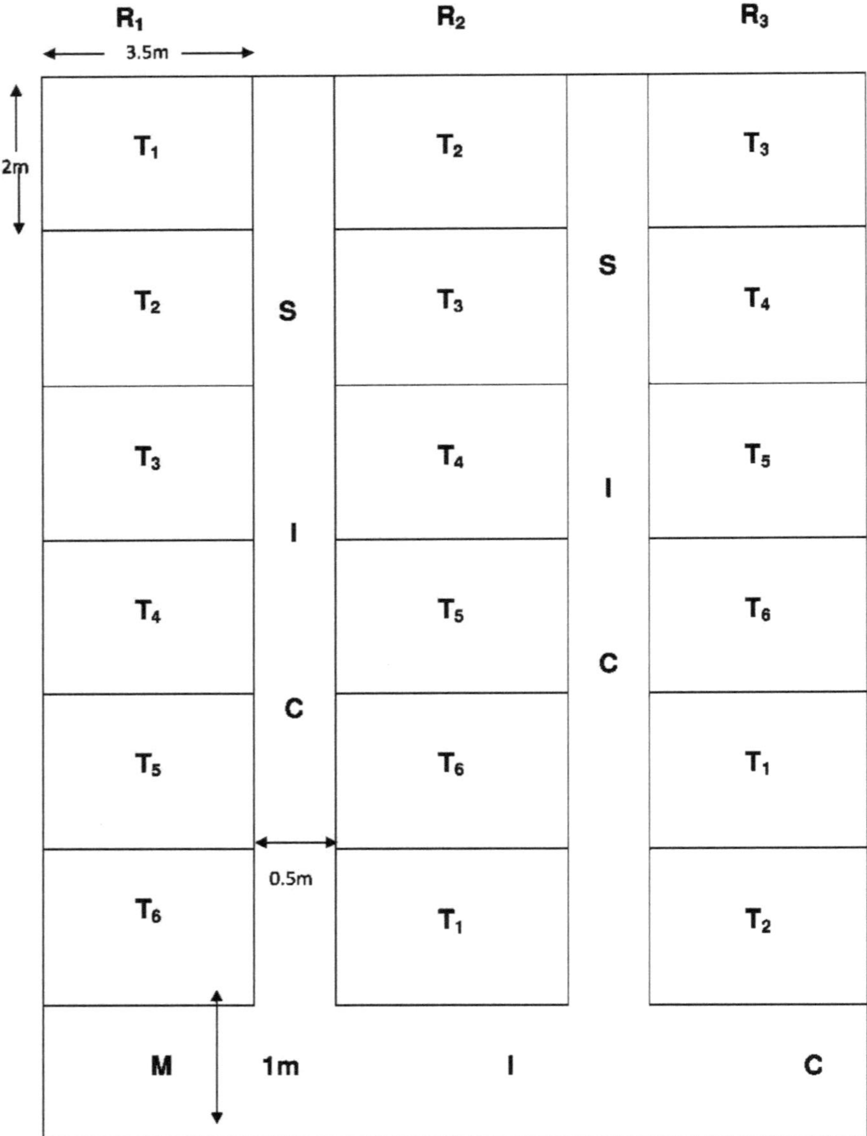

Fig. 1 Plano de implantação da experiência com cebolas

3.4.3 Preparação do campo e transplantação

O campo foi preparado por gradagem cruzada seguida de transplante de sementeiras. Tomou-se todo o cuidado para nivelar as parcelas uniformemente e as ervas foram removidas das parcelas. Foram feitos canais de irrigação principais e secundários com a ajuda de uma pá. Sementes de cebola com 35 dias de idade da cultivar N-52 foram transplantadas com um espaçamento de 30 x 10 cm.

3.4.4 Fertilizantes e suas doses

As doses recomendadas de nitrogénio, fósforo e potássio, ou seja, @ 100, 50 e 50 kg ha[1] respetivamente, foram aplicadas à cebola. 100 kg de nitrogénio ha[1] foi considerado como 100% de nitrogénio. O azoto foi aplicado através de ureia, a aplicação uniforme de fósforo e potássio foi feita através de super fósforo simples e Mureato de potássio, respetivamente, em todas as parcelas.

3.4. 5 Fontes divididas de fertilizantes

i) Azoto através da ureia (46% N)

ii) Fósforo através de Super fósforo simples (16% P_2O)5

ii) Potássio através de potássio (60% K_2O)

3.4.6 Os adubos e a sua composição

i) FYM (0,5% N, 0,2% P_2O_5 ; 0,5% K_2O)

ii) Vermicomposto (2,5-3% N; 1,5-2% P_2O_5 ; 1-2% K_2O).

Quadro-2 Calendário das operações culturais efectuadas em 2008-09 para a realização da experiência da cebola.

Operation	Date
Layout preparation	29- January-2009
organic Manure application	30-January-2009
Fertilizer Application (Basal Dose)	5-February-2009
Transplanting	5-February-2009
Irrigation	5-Ferbruary-2009
Weeding	20-February-2009
Irrigation	25-February-2009
1st Top Dressing	4-March-2009
Irrigation	10-March-2009
Weeding	16-March-2009
Irrigation	24-March-2009
Weeding	31-March-2009
IInd Top Dressing	5-April-2009
Irrigation	15-April-2009
Harvesting	5-May-2009

3.5 Estudos laboratoriais

3.5.1 Processamento de amostras de solo

Todas as gramíneas foram removidas da superfície do terreno e foram recolhidas amostras de solo de cada parcela aos 30, 60 e 90 DAT das plântulas de cebola. Foram utilizados como instrumentos de amostragem a pá e a broca de tubo. As amostras foram recolhidas num saco de plástico. As amostras de solo seco foram esmagadas e passadas por um peneiro de 2 mm com orifício redondo. As amostras peneiradas foram selecionadas em sacos de polietileno etiquetados e colocadas em parcelas para análise laboratorial em condições selecionadas.

3.5.   2Parâmetros do solo

3.5.2.   1Densidade aparente do solo

A determinação da densidade aparente foi efectuada com a ajuda de um amostrador de núcleo. As amostras foram recolhidas a 0-15 cm de profundidade. As amostras de solo foram secas num forno elétrico a 105°C até ao peso constante e a densidade aparente foi determinada **(Block, 1971)**.

$$\text{Densidade a granel } (Mgm^3) = \frac{\text{Peso do solo } (Mg)}{\text{Volume total do solo } (m)^3}$$

Onde,

O volume de solo é o volume interior do coletor de amostras.

3.5.2.   2PH do solo

O pH do solo foi determinado em proporções de 1:2:5 de água no solo e, após meia hora de equilíbrio, o pH foi determinado com a ajuda de um elétrodo de vidro e de um medidor de pH **(Jackson, 1967)**.

3.5.2.   8Condutividade eléctrica   do solo

A CE das amostras de solo foi medida em suspensões de água do solo 1:2,5 à temperatura de 25°C por EC Bridge **(Bower e Helicox, 1965)**.

3.5.2.   4Carvão orgânico

O carbono orgânico foi determinado pelo método de **Walkley e Black (1934)** modificado, tal como descrito por **Jackson (1967)**.

3.5.2.10 Azoto disponível

O azoto disponível foi determinado pelo método do permanganato de potássio alcalino **(Subbiah e Asija, 1956)**.

3.5.2.11 Fósforo disponível

O fósforo disponível foi determinado pelo método de Olsen **(Olsen's** *etal.* **1954).**

3.5.2.12 Potássio disponível

O potássio disponível foi determinado pelo método do acetato de amónio neutro **(Hanway e Heidel, 1952)**, tal como descrito por **Jackson (1967).**

3.5.3 Parâmetros da planta

3.5.3.1 Altura da planta

As alturas das plantas marcadas foram registadas em cada parcela em diferentes fases de crescimento. Cinco plantas foram marcadas aleatoriamente e etiquetadas em cada parcela de replicação e a altura foi medida a partir da base da planta até à folha mais alta totalmente esticada. A média de todas as observações de cada parcela foi calculada e designada como altura média das plantas.

3.5.3.2 Diâmetro da lâmpada

O diâmetro do bolbo de cebola obtém-se dividindo a circunferência do bolbo de cebola pelo fator 3,14 (π=3,14).

3.5.3.3 Peso da lâmpada

O peso de cada bolbo foi medido por pesagem numa balança eletrónica no momento da colheita.

3.5.3.4 Rendimento dos bolbos

Após a colheita, o peso do bolbo de cebola foi registado.

Análise química de amostras de plantas para determinação do teor de N, P, K e S.

3.5.3.5 Preparação de amostras de plantas

As amostras de plantas colhidas na altura da colheita foram secas à sombra e cortadas em pedaços, sendo depois mantidas na estufa a 70°C durante 12 horas para eliminar a humidade. Depois disso, as amostras foram moídas num moinho. Depois de bem misturadas, as amostras trituradas foram guardadas em frascos rotulados, retiradas e digeridas numa mistura de diácidos preparada com ácido sulfúrico e ácido perclórico na proporção de 9:1 e as amostras digeridas utilizadas para determinar o teor de azoto, fósforo, potássio e enxofre.

3.5.3.6　Nitrogénio

O azoto nas amostras de plantas foi determinado pelo método de Kjeldahl **(Jackson, 1973)**.

3.5.3.7　Fósforo

O fósforo foi determinado colorimetricamente conforme descrito por **Jackson (1973)**.

3.5.3.8　Potássio

O potássio nas amostras de plantas foi determinado por procedimento fotométrico de chama seca **(Chapman e Pratt, 1961)**.

3.5.3.9　Enxofre

O enxofre presente nas amostras foi analisado para determinar o enxofre total **(Chesnin e Yien, 1950)**.

3.6　Análise estatística

Os dados recolhidos no campo e no laboratório foram analisados estatisticamente utilizando o procedimento padrão de desenho de blocos aleatórios **(Cochran e Cox, 1959)**. A diferença crítica (D.C.) e o erro padrão da média (SEM) foram calculados para determinar a significância entre as médias dos tratamentos.

CAPÍTULO 4

RESULTADOS E DISCUSSÃO

Os resultados relativos ao efeito da utilização integrada de adubos orgânicos, fertilizantes químicos e biofertilizantes nas propriedades físico-químicas do solo, no crescimento da cultura e no rendimento da cebola são aqui descritos. Os tratamentos para a cultura da cebola consistiram em controlo (T^, 100% FTR (T_2), 50% N através de FYM + 50% N através de ureia (T_3), 50% N através de vermicomposto + 50% N através de ureia (T_4), 50% N através de FYM + 25% N através de ureia + PSB + *Azotobacter* 50% N através de vermicomposto + 25% N através de ureia + PSB + *Azotobacter* (T_6). Os resultados foram apresentados sob os seguintes títulos:

4.1 Efeito da utilização integrada de adubos orgânicos, fertilizantes inorgânicos e biofertilizantes nas propriedades físico-químicas do solo.

4.2 Efeito da utilização integrada de adubos orgânicos, fertilizantes inorgânicos e biofertilizantes no crescimento e rendimento da cultura da cebola.

4.3 Efeito da utilização integrada de adubos orgânicos, fertilizantes inorgânicos e biofertilizantes na absorção de nutrientes pela cultura da cebola.

4.4 Efeito da utilização integrada de adubos orgânicos, fertilizantes inorgânicos e biofertilizantes nas propriedades físico-químicas do solo.

4.4.1 Carbono orgânico

Os dados relativos ao efeito da utilização integrada de adubos orgânicos, fertilizantes inorgânicos e biofertilizantes no estado do carbono orgânico do solo sob a cultura da cebola em diferentes fases de crescimento foram apresentados no quadro 3.

Como é evidente a partir dos resultados, o conteúdo de carbono orgânico do solo experimental mostrou uma tendência contínua de diminuição com os dias após o transplante da cultura em todos os tratamentos. O teor de carbono orgânico do solo aumentou significativamente nas parcelas que receberam matéria orgânica (vermicomposto ou estrume de quinta) e fertilizantes químicos do que nas parcelas que receberam apenas fertilizantes químicos. O efeito de diferentes tratamentos no conteúdo de carbono orgânico do solo foi encontrado na ordem de $T_6 > T_5 > T_4 > T_3 > T_2 > T_i$ e os valores foram 0.621, 0.583, 0.565, 0.549, 0,517 e 0,483 por cento aos 30 DAT; 0,606, 0,564, 0,543, 0,52, 0,491 e 0,458% aos 60 DAT; e 0,58, 0,542, 0,521, 0,503, 0,478 e 0,432% no final da experiência. O aumento no conteúdo de carbono orgânico foi maior no caso do vermicomposto em comparação com o FYM. O aumento do teor de carbono orgânico nas parcelas aplicadas com vermicomposto pode ser atribuído à maior incorporação direta de materiais orgânicos e a um melhor crescimento das raízes. A decomposição subsequente destes materiais pode ter resultado num aumento do teor de carbono orgânico do solo. Estes resultados também corroboram as conclusões de **Sharma *et al.* (2005); Baskar *et al.* (2003); Tolanur e Badanur (2003); Vasanthi e Kamara Swami (1999).**

Quadro 3: Efeito da utilização integrada de adubos orgânicos, fertilizantes inorgânicos e biofertilizantes no teor de carbono orgânico (%) do solo sob a cultura da cebola.

Treatments	Days after transplanting		
	30	60	At harvesting
T_1	0.483	0.458	0.432
T_2	0.517	0.491	0.478
T_3	0.549	0.520	0.503
T_4	0.565	0.543	0.521
T_5	0.583	0.564	0.542
T_6	0.621	0.606	0.580
SEm($\pm$)	0.0176	0.0155	0.0125
CD (0.05)	0.0392	0.0345	0.0279

4.1. 2Nitrogénio disponível

Os resultados obtidos relativamente ao efeito da utilização integrada de adubos orgânicos, fertilizantes inorgânicos e biofertilizantes no estado do azoto disponível nos solos são apresentados no quadro 4.

Os dados mostraram que o estado do azoto disponível no solo diminuiu continuamente com o avanço das fases de crescimento da cultura em todos os tratamentos. Os valores do teor de azoto disponível para os tratamentos T_i, T_2 , T_3 , T_4 , T_5 e T_6 foram 228,6, 236,8, 241,7, 255,6, 262,8 e 276 kg ha^{-1} aos 30 DAT e 202,6, 205,6, 213,8, 233,8, 241,9 e 248,6 kg ha^{-1} na colheita, respetivamente. As parcelas tratadas com 50% de N através de vermicomposto + 25% de N através de ureia + PSB + *Azotobacter* registaram um teor de azoto disponível significativamente mais elevado em comparação com as parcelas que foram tratadas apenas com vermicomposto ou estrume de quintal juntamente com fertilizante químico. Declínio

no teor de azoto com o aumento do tempo pode ser atribuído ao aumento das necessidades de azoto da cultura com a idade. As condições favoráveis do solo sob estes tratamentos podem ter ajudado a mineralização do N do solo, levando à acumulação de maior azoto disponível. O aumento do azoto disponível com a aplicação de vermicomposto ou FYM deve-se à mineralização do N dos adubos orgânicos no solo **(Yaduyanshi; 2001)** e à maior multiplicação de micróbios do solo, que podem converter o N ligado organicamente em forma inorgânica **(Bharadwaj e Omanwar, 1994). Sharma *et al.* (2009)** observaram um aumento do teor de azoto disponível no solo com a utilização de produtos orgânicos.

Quadro 4: Teor de azoto disponível (kg ha^{-1}) do solo influenciado pela utilização integrada de adubos orgânicos, fertilizantes inorgânicos e biofertilizantes na cultura da cebola.

Treatments	Days after transplanting		
	30	60	At harvesting
T_1	228.6	219.7	202.6
T_2	236.8	221.66	205.6
T_3	241.7	227.5	213.8
T_4	255.6	245.5	233.8
T_5	262.8	252.6	241.9
T_6	276.0	262.8	248.6
SEm($\pm$)	8.553	8.649	9.3078
CD (0.05)	19.548	19.23	20.69

4.1. 3Fósforo disponível

Os resultados relacionados com o efeito da utilização integrada de adubos orgânicos, fertilizantes inorgânicos e biofertilizantes no teor de fósforo disponível do solo são apresentados no quadro 5.

Os dados evidenciam que a concentração de fósforo no solo diminuiu ligeira e gradualmente nos meses sucessivos da experiência. O efeito de várias combinações de adubos orgânicos, fertilizantes químicos e bactérias solubilizadoras de fósforo e *Azotobacter* no teor de fósforo do solo foi considerado significativo. As parcelas tratadas com 50% de N através de vermicomposto +25% de N através de ureia + PSB + *Azotobacter* (T_6) mostraram um aumento significativo no teor de fósforo disponível no solo em comparação com outros tratamentos, exceto 50% de N através de FYM + 25% de ureia N + PSB + *Azotobacter* (T_5), que foi igual entre si em todas as fases de crescimento. O teor de fósforo residual disponível do T_5 (50% FYM N + 25% ureia N + PSB + *Azotobacter}* mostrou um aumento significativo de 23% em relação ao T_3 (50% FYM N + 50% ureia N) e o aumento correspondente foi de 32% em relação ao T_2 (100%RDF). O conteúdo de fósforo disponível sob T_6 (50% vermicomposto N + 25% ureia N + PSB + *Azotobacter}* em comparação com T_4 (50% vermicomposto N + 50% ureia N) aumentou significativamente em 17,26%, enquanto o aumento de correspondência foi 37,76% maior conteúdo de P disponível sobre T_2 (100%RDF) na colheita da cultura da cebola. O teor de fósforo disponível na colheita sob T_5 e T_6 diminuiu 21,84 e 19,92%, respetivamente, em comparação com 30 DAT. O aumento do teor de fósforo disponível no solo devido à incorporação de adubos orgânicos pode ser atribuído à adição direta de fósforo, bem como à solubilização do fósforo nativo através da libertação de vários ácidos orgânicos durante a decomposição da matéria orgânica. Resultados semelhantes foram obtidos por **Kumar** *et al.* **(2003) e Sharma** *et al.* **(2005)** também observaram a melhoria do estado do fósforo disponível devido à utilização integrada de adubos orgânicos com fertilizantes químicos. **Desai** *et al.* **(2009)** também referiram que a aplicação de PSB era eficaz quando aplicada com P inorgânico.

Quadro 5: Efeito da utilização integrada de adubos orgânicos, fertilizantes inorgânicos e biofertilizantes no teor de fósforo disponível (kg ha^{-1}) do solo sob a cultura da cebola.

Treatments	Days after transplanting		
	30	60	At harvesting
T_1	18.5	16.2	13.1
T_2	19.6	17.5	14.3
T_3	21.8	18.4	15.1
T_4	22.9	19.6	16.8
T_5	23.8	21.5	18.6
T_6	24.6	22.4	19.7
SEm(±)	1.063	1.131	1.1532
CD (0.05)	2.36	2.51	2.56

4.1.4 Potássio disponível

Os dados obtidos relativamente ao efeito da utilização integrada de adubos orgânicos, fertilizantes inorgânicos e biofertilizantes na concentração de potássio disponível no solo são apresentados no quadro 6.

Como é evidente a partir dos resultados, o efeito de vários tratamentos de utilização integrada de adubos orgânicos e fertilizantes inorgânicos e biofertilizantes no teor de potássio disponível do solo foi encontrado na mesma ordem que o teor de carbono orgânico, o teor de azoto disponível e o estado de fósforo disponível do solo. Os valores do teor de K disponível no solo variaram entre 214,67 a 184,6, 220,67 a 192,6, 225,67 a 197,5, 231 a 201,4, 248,30 a 216,6 e 257,67 a 230 kg ha^{-1} a partir dos 30 DAT até ao fim da experiência nos tratamentos Ti, T_2 , T_3 , T_4 , T_5 , e T_6 respetivamente. O maior teor de potássio disponível (230 kg ha^{-1}) no final da experiência

foi registado no caso do tratamento constituído por 50% de N através de vermicomposto + 50% de N através de ureia + PSB + *Azotobacter* (T_6). Este tratamento (T_6) registou um aumento significativo do teor de potássio disponível em relação a todos os outros tratamentos. O aumento do K disponível devido à aplicação de adubos orgânicos pode ser atribuído à adição direta de potássio à reserva disponível do solo. O efeito benéfico do vermicomposto e do estrume de quinta sobre o K disponível pode também ser atribuído à redução da fixação e libertação de K devido à interação da matéria orgânica com a argila, para além da adição direta de K à reserva de K disponível no solo **[Santhy *et al.* (1998) e Sharma *et al.* (2003)]**

Quadro 6: Efeito da utilização integrada de adubos orgânicos, fertilizantes inorgânicos e biofertilizantes no teor de potássio disponível (kg ha⁻¹) das parcelas de cebola.

Treatments	Days after transplanting		
	30	60	At harvesting
T_1	214.67	203.4	184.6
T_2	220.67	208.9	192.6
T_3	225.67	213.7	197.5
T_4	231.00	220.9	201.4
T_5	248.30	235.3	216.6
T_6	257.67	246.1	230.0
SEm(±)	1.1832	1.2388	1.4388
CD (0.05)	2.64	2.76	3.21

4.1.5 Enxofre disponível

Os resultados relativos ao efeito da utilização integrada de adubos orgânicos, fertilizantes inorgânicos e biofertilizantes no teor de enxofre disponível do solo são apresentados no quadro 7.

A aplicação integrada de adubos orgânicos, fertilizantes inorgânicos e biofertilizantes mostrou uma variação significativa no teor de enxofre disponível nas parcelas de cebola. A adição de 50% de N através de FYM +25% de N através de ureia + PSB + *Azotobacter* (T_5) e 50% de N através de vermicomposto +25% de N através de ureia + PSB + *Azotobacter* (T_6) em parcelas de cebola mostrou um aumento significativo notável no teor de enxofre disponível do solo experimental. O tratamento T_5 (50 % N através de FYM + 25% ureia N + PSB + *Azotobacter)* mostrou um aumento significativo no teor de enxofre disponível nas parcelas de cebola em relação ao controlo (Ti) e 100% NPK (T_2) tratadas parcelas na medida de 82% e 55,6%, respetivamente, no final da experiência. Por outro lado, o tratamento T_6 (50% vermicomposto N + 25% ureia N + PSB + *Azotobacter¹*) mostrou um aumento no teor de enxofre disponível em relação à parcela de controlo (T^ e 100% da dose recomendada de fertilizantes (T₂) na medida de 119% e 87,5%, respetivamente, na colheita. A superioridade do T₆ (50% vermicomposto N + 25% ureia N + PSB + *Azotobactei*[1]) sobre o T₅ (50% FYM N + 25% ureia N + PSB + *Azotobactei*[1]) foi observada em todas as fases de crescimento da cebola durante a experiência. A aplicação do tratamento T₆ mostrou um aumento de 20,5% de S residual em relação ao tratamento T₅ . A diminuição do teor de enxofre do solo com o aumento do tempo pode ser atribuída ao aumento das necessidades de enxofre da cebola com o período de crescimento. Estes resultados estão em consonância com as conclusões de **Anwar *et al*. (2002) e Patra *etal*. (1997).**

Quadro 7: Efeito da utilização integrada de adubos orgânicos, fertilizantes inorgânicos e biofertilizantes no teor de enxofre disponível (kg ha[1]) na cultura da cebola.

Treatments	Days after transplanting		
	30	60	At harvesting
T₁	10.30	8.44	5.54
T₂	10.95	9.31	6.47
T₃	11.90	9.76	6.98
T₄	13.23	11.25	8.98
T₅	14.40	12.82	10.07
T₆	16.76	15.28	12.13
SEm(±)	0.4427	0.4648	0.4926
CD (0.05)	0.9863	1.04	1.098

4.1.6 pH do solo

Os dados relativos à influência dos adubos orgânicos, fertilizantes inorgânicos e biofertilizantes no pH do solo medido aos 30 DAT, 60 DAT e na colheita das parcelas de cebola foram apresentados no quadro 8.

Como é evidente nos resultados, o pH do solo aumentou continuamente com os dias após a transplantação em todos os tratamentos. No que diz respeito ao pH, vários tratamentos podem ser organizados na ordem $T_i > T_2 > T_3 > T_4 > T_5 > T_6$ e os valores variaram entre 30DAT e na colheita de 7,6 a 7,9, 7,4 a 7,8, 7,3 a 7,7, 7,2 a 7,6, 6,8 a 7,3 e 6,6 a 6,9 nos respectivos tratamentos. O pH do solo foi significativamente mais baixo com a adição de adubos orgânicos em comparação com o fertilizante químico sozinho em todas as fases de crescimento durante a experiência. A libertação de ácidos orgânicos durante o processo de decomposição pode ser atribuída ao declínio do pH do solo (**Zenda 1968**).

Quadro 8: Efeito da utilização integrada de adubos orgânicos, fertilizantes inorgânicos e biofertilizantes no pH do solo sob a cultura da cebola.

Treatments	Days after transplanting		
	30	60	At harvesting
T_1	7.6	7.8	7.9
T_2	7.4	7.6	7.8
T_3	7.3	7.5	7.7
T_4	7.2	7.4	7.6
T_5	6.8	7.1	7.3
T_6	6.6	6.7	6.9
SEm($\pm$)	0.222	0.173	0.20
CD (0.05)	0.05	0.04	0.0456

4.1.7 Condutividade eléctrica

Os dados obtidos relativamente à utilização integrada de adubos orgânicos, fertilizantes inorgânicos e biofertilizantes na condutividade eléctrica do solo em diferentes fases de crescimento foram apresentados no quadro 9.

A condutividade eléctrica do solo em geral mostrou uma tendência de aumento contínuo desde os 30 DAT até à colheita. A condutividade eléctrica do solo diminuiu com a adição de adubos orgânicos. O tratamento T_6 (50% vermicomposto N + 25% ureia N + PSB + *Azotobacter*) registou uma condutividade eléctrica do solo significativamente mais baixa do que Ti (controlo) e T_2 (parcelas 100% NPK). A comparação entre os resultados de T_5 (50% FYM N + 25% ureia N + PSB + *Azotobactef)* e T_6 (50% vermicomposto N + 25% ureia N + PSB + *Azotobacter)* mostra claramente a CE significativamente mais baixa no tratamento T_6 . O efeito dos diferentes tratamentos na CE do solo foi encontrado na ordem Ti > T_2 > T_3

> T_4 > T_5 > T_6 e os valores variaram de 0,20 a 0,32 dSm^{-1} . Estes resultados estão em consonância com as conclusões de **Babu *etal.* (2001)**

Quadro 9: Efeito da utilização integrada de adubos orgânicos, fertilizantes inorgânicos e biofertilizantes na CE (dSm^{-1}) das parcelas de cebola.

Treatments	Days after transplanting		
	30	60	At harvesting
T_1	0.28	0.31	0.32
T_2	0.27	0.29	0.31
T_3	0.25	0.27	0.29
T_4	0.23	0.26	0.28
T_5	0.22	0.25	0.27
T_6	0.20	0.23	0.25
SEm($\pm$)	0.02	0.01761	0.0125
CD (0.05)	0.04456	0.0392	0.0435

4.1.   8Densidade de massa

Os dados relativos à densidade aparente do solo sob a influência da utilização integrada de adubos orgânicos, fertilizantes inorgânicos e biofertilizantes são apresentados no quadro 10.

Os resultados mostraram que a densidade aparente das parcelas de cebola aumentou gradualmente em todos os tratamentos desde os 30 DAT até à conclusão da experiência. Os dados revelaram que a densidade aparente do solo em vários tratamentos variou de 1,27 g cm$^{'3}$ a 1,50 g cm^{-3} . Os valores da densidade aparente do solo sob diferentes tratamentos como T_1; T_2 , T_3 , T_4 , T_5 e T_6 foram 1.41, 1.40, 1.33, 1.32, 1.29 e 1.27 g cm^{-3} aos 30 DAT e 1.50, 1.49, 1.42, 1.39, 1.38 e 1.36 g cm^{-3} no final da experiência sob os respectivos tratamentos. O efeito significativo dos tratamentos T_6 (50% vermicomposto N + 25% ureia N + PSB + *Azotobactei*) e T_5 (50% FYM N + 25% ureia N + PSB + *Azotobacter*) foi registado em relação a L (controlo) e T_2 (100% NPK). Os resultados mostraram que a adição de adubos orgânicos diminuiu a densidade aparente do solo, o que pode ser atribuído ao facto de uma melhor agregação, elevada porosidade e baixa densidade aparente da matéria orgânica. Este resultado corrobora as conclusões de **Babu et al. (2001)**. Em geral, a densidade aparente das parcelas de cebola aumentou gradualmente com o tempo, devido à consolidação natural e à compactação das partes do solo. Este efeito foi também registado por **Sharma (1985)**.

Quadro-10: Efeito da utilização integrada de adubos orgânicos, fertilizantes inorgânicos e biofertilizantes na densidade aparente (g cm^{-3}) do solo sob a cultura da cebola.

Treatments	Days after transplanting		
	30	60	At harvesting
T_1	1.41	1.44	1.50
T_2	1.40	1.43	1.49
T_3	1.33	1.36	1.42
T_4	1.32	1.35	1.39
T_5	1.29	1.33	1.38
T_6	1.27	1.32	1.36
SEm($\pm$)	0.01225	0.01483	0.0268
CD (0.05)	0.0273	0.033	0.0597

1.1.9 Capacidade de retenção de água

Os dados relativos à capacidade de retenção de água do solo sob a influência da utilização integrada de adubos orgânicos, fertilizantes inorgânicos e biofertilizantes são apresentados no quadro 10.

A aplicação de adubos orgânicos aumentou significativamente a capacidade de retenção de água do solo. O resultado mostrou que houve um aumento significativo na capacidade de retenção de água do solo sob os tratamentos T_5 (50% FYM N + 25% ureia N + PSB + *Azotobacter)* e T_6 (50% vermicomposto N + 25% ureia N + PSB + *Azotobacter)* em comparação com o controlo. O efeito dos vários tratamentos sobre a capacidade de retenção de água foi encontrado na ordem $T_6 > T_5 > T_4 > T_3 > T_2 > L$ e os valores foram 52,5%, 51,0%, 48,8%, 48,2%, 47,5% e 45,6% aos 30 DAT e 47,6%, 47,4%, 44,8%, 44,5%, 43,2% e 41,2% no final da experiência sob os respectivos tratamentos. O aumento da capacidade de retenção de água do solo pode ser atribuído a uma maior porosidade, melhor agregação e baixa densidade aparente das parcelas aplicadas com adubos orgânicos. Verificou-se uma diferença ligeira mas significativa entre os tratamentos T_3 (50% FYM N + 50% ureia N) e T_4 (50% vermicomposto N + 50% ureia N) e também entre T_5 (50% FYM + 25% ureia N + PSB + *Azotobactef)* e T_6 (50% vermicomposto N + 25% ureia N + PSB + *Azotobacter).*

Quadro 11: Efeito da utilização integrada de adubos orgânicos, fertilizantes inorgânicos e biofertilizantes na capacidade de retenção de água (%) do solo sob a cultura da cebola.

Treatments	Days after transplanting		
	30	60	At harvesting
T_1	45.6	42.5	41.2
T_2	47.5	45.1	43.2
T_3	48.2	46.7	44.5
T_4	48.8	46.9	44.8
T_5	51.0	49.3	47.4
T_6	52.5	50.2	47.6
SEm($\pm$)	0.8944	0.9591	0.9695
CD (0.05)	1.989	2.13	2.16

4.2 Efeito da utilização integrada de adubos orgânicos, fertilizantes inorgânicos e biofertilizantes no crescimento e rendimento da cultura da cebola.

4.2.1 Altura da planta

Os dados obtidos em relação à altura da planta de cebola em diferentes estágios de crescimento sob a influência do uso integrado de adubos orgânicos, fertilizantes inorgânicos e biofertilizantes são mostrados na tabela-12.

É evidente a partir dos resultados que a altura da planta da cultura da cebola aumentou continuamente com a idade da cultura até à colheita em todos os tratamentos. A integração de adubos orgânicos e fertilizantes químicos com biofertilizantes teve um efeito significativo na altura das plantas da cultura da cebola. A adição de 50% de N vermicomposto + 25% de N através de ureia + PSB + *Azotobacter* (T_6) e 50% de N através de FYM + 25% de N através de ureia + PSB + *Azotobacter* (T_5) em parcelas de cebola mostraram um aumento significativo na altura das plantas em todas as fases de crescimento em relação ao controlo ($T^\wedge$ e parcelas tratadas com 100% de ureia N (T_2). O tratamento T_5 (50% FYM N + 25% ureia N + PSB + *Azotobacter}* mostrou um aumento significativo na altura da planta da cultura da cebola na medida de 38,7% e 22% sobre o controlo (Ti) e parcelas tratadas com 100% de ureia N (T_2), respetivamente. O tratamento T_6 (50% vermicomposto N + 25% ureia N + PSB + *Azotobacter}* também mostrou um efeito mais superior na altura das plantas, na medida de 44,6% e 27% sobre a parcela de controlo (Ti) e 100% ureia N (T_2), respetivamente. O aumento da altura das plantas devido à adição de FYM e vermicomposto com PSB (Phosphorus Solubilizing Bacteria) e *Azotobacter* foi estatisticamente significativo em relação ao controlo em todas as fases de crescimento. Este facto pode ser atribuído ao fornecimento contínuo e elevado de azoto, fósforo e potássio, que aumentou as caraterísticas de crescimento das plantas de cebola.

Tabela 12: Efeito do uso integrado de adubos orgânicos, fertilizantes inorgânicos e biofertilizantes na altura da planta (cm).

Treatments	Days after transplanting		
	30	60	At harvesting
T_1	17.13	26.26	35.90
T_2	22.26	30.7	40.83
T_3	24.33	33.5	43.60
T_4	26.2	36.53	46.46
T_5	27.66	40.03	49.80
T_6	30.5	40.60	51.90
SEm(±)	1.6062	1.7117	2.6758
CD (0.05)	3.57	3.81	5.95

4.2.2Peso da lâmpada   e diâmetro da lâmpada

Os dados relacionados com o peso e o diâmetro dos bolbos da cultura da cebola sob vários tratamentos são apresentados no quadro 13.

A aplicação de 50% de N através de vermicomposto + 25% de N através de ureia + PSB + *Azotobacter* (T_6) registou um peso de bolbo da cebola significativamente mais elevado, seguido de T_5 (50% de N através de FYM + 25% de N através de ureia + PSB + *Azotobacter*), T_4 (50% de N através de vermicomposto + 50% de N através de ureia), T_3

(50% de N através de FYM + 50% de N através de ureia) e T_2 (100% de N através de ureia). O tratamento T_6 (50% N através de vermicomposto + 25% N através de ureia + PSB + *Azotobacter)* aumentou o peso dos bolbos em relação a L (controlo) e T_2 (100% N através de ureia)

O tratamento T_5 também registou um peso de bolbo de cebola significativamente mais elevado, na ordem dos 141% e 71%, em relação aos tratamentos (controlo) e T_2 (100% N através de ureia), respetivamente. O maior peso dos bolbos foi registado nas parcelas que receberam vermicomposto e FYM, o que pode ser devido ao maior diâmetro dos bolbos e à maior altura das plantas nestes tratamentos.

Tal como o peso do bolbo, o maior diâmetro do bolbo foi registado no caso do tratamento composto por vermicomposto e FYM. O diâmetro máximo do bolbo foi registado em T_6 (7.87cm) seguido de T_5 (7.38cm), T_4 (7.30cm), T_3 (7.13 cm), T_2 (6.22cm) e L (5.55cm). As diferenças de valores entre os vários tratamentos foram consideradas estatisticamente significativas. A aplicação de adubos orgânicos pode ser atribuída ao maior diâmetro do bolbo devido ao facto de os adubos orgânicos reduzirem a densidade aparente, aumentando assim a porosidade e resultando num melhor desenvolvimento das condições físicas do solo para um melhor crescimento do bolbo da planta da cebola.

Quadro 13: Efeito da utilização integrada de adubos orgânicos, fertilizantes inorgânicos e biofertilizantes no peso dos bolbos (gm) e no diâmetro dos bolbos (cm).

Treatments	Bulb Weight (gm)	Bulb Diameter (cm)
T_1	66.0	5.55
T_2	88.3	6.22
T_3	127.3	7.13
T_4	140.0	7.30
T_5	154.3	7.38
T_6	177.0	7.87
SEm($\pm$)	8.928	0.2569
CD (0.05)	19.89	0.5724

4.2.3 Rendimento da cebola

O rendimento dos vários tratamentos é apresentado no quadro 15

Foi registado um rendimento significativamente mais elevado de cebola (74,85 q ha^{-1}) com a aplicação de 50% N através de vermicomposto + 25% N através de ureia + PSB + *Azotobacter* (T_6) seguido de 50% N através de FYM + 25% N através de ureia + PSB + *Azotobacter* (T_5 ; 62.13 qha^{-1}), 50% N através de vermicomposto + 50% N através de ureia (T_4 ; 55.41 qha^{-1}), 50% N através de FYM + 50% N através de ureia (T_3 ; 43.61 qha^{-1}) e 100% N através de ureia (T_2 ; 32.41 qha^{-1}), O aumento foi muito maior no caso em que quantidades iguais de azoto foram aplicadas através de vermicomposto em vez de FYM. A aplicação dos tratamentos T_6 (50% N através de vermicomposto + 25% N através de ureia + PSB + *Azotobacter)* e tratamentos T_5 (50% N através de FYM + 25% N através de ureia + PSB + *Azotobactei)* aumentou o rendimento da cebola em 130% e 92% sob os respectivos tratamentos sobre 100% N através de ureia (T_2). Estes resultados podem ajudar a concluir a superioridade do vermicomposto sobre o estrume da quinta. O maior rendimento das culturas com a utilização de vermicomposto em comparação com o estrume de quintal pode ser atribuído à maior concentração de nutrientes do vermicomposto e ao efeito benéfico no ambiente físico do solo. O efeito benéfico dos adubos orgânicos no rendimento pode dever-se ao fornecimento adicional de nutrientes às plantas, bem como à melhoria das propriedades físico-químicas e biológicas do solo **(Datt *et al.* 2003)**. Também pode ser atribuído ao facto de que, após a decomposição e mineralização, os estrumes aplicados forneceram nutrientes disponíveis diretamente à planta e também tiveram um efeito solubilizante na forma fixa dos nutrientes. Melhorias semelhantes no rendimento da cebola devido ao uso integrado de vermicomposto e FYM com fertilizante químico foram observadas por **Sharma *etal.* 2005; e Sharma *etal.* 2009.**

Quadro 14: Efeito da utilização integrada de adubos orgânicos, fertilizantes inorgânicos e biofertilizantes na produção de bolbos de cebola (q ha^{-1}).

Treatments	Yield of onion (q/ha)
T_1	17.14
T_2	31.42
T_3	43.61
T_4	55.41
T_5	62.13
T_6	74.85
SEm($\pm$)	4.3869
CD (0.05)	9.774

4.3 Efeito da utilização integrada de adubos orgânicos, fertilizantes inorgânicos e biofertilizantes no teor e absorção de nutrientes pela cultura da cebola.

4.3.1 Teor de nutrientes nos bolbos de cebola

O uso integrado de adubos orgânicos (estrume de quinta e vermicomposto) e fertilizantes inorgânicos em combinação com biofertilizantes (Bactérias Solubilizadoras de Fósforo e *Azotobactei)* aumentou significativamente os conteúdos de N, P, K e S nos bolbos de cebola (Quadro 16). O teor mais elevado de N, P, K e S foi registado no tratamento constituído por 50% de N através de vermicomposto + 25% de N através de ureia + PSB + *Azotobacter* (T$_6$), seguido dos tratamentos T$_5$ (50% de N através de FYM + 25% de N através de ureia + PSB + *Azotobactei)*, T$_4$ (50% N via vermicomposto + 50% N via uréia), T$_3$ (50% N via FYM + 50% N via uréia), T$_2$ (100% N, P, K) e "G (controle). O maior teor de N, P, K e S nos bolbos de cebola devido à aplicação de vermicomposto com PSB e *Azotobacter* pode ser atribuído à decomposição e mineralização dos estrumes, que assegura um melhor fornecimento de N, P, K e S disponíveis diretamente às plantas e um efeito solubilizante na forma fixa de nutrientes minerais, proporcionando também um melhor ambiente físico do solo. Estes resultados estão em consonância com as conclusões de **Sreenivas *et al.* (2000)** e **Bhadoria *et al.* (2002).**

Tabela 16: Efeito da utilização integrada de adubos orgânicos, fertilizantes inorgânicos e biofertilizantes no teor de nutrientes (%) em bolbos de cebola.

Treatment	Nutrients Content (%) in onion			
	N	P	K	S
T$_1$	1.28	0.19	0.86	0.21
T$_2$	1.37	0.223	0.98	0.263
T$_3$	1.48	0.253	1.02	0.306
T$_4$	1.57	0.270	1.05	0.336
T$_5$	1.75	0.306	1.186	0.35
T$_6$	1.98	0.323	1.323	0.41
SEm (±)	0.0447	0.0115	0.0258	0.0258
CD (P=0.05)	0.11	0.025	0.06	0.06

4.3.2 Absorção de nutrientes pela cebola

Os dados relativos à absorção de nutrientes pela planta da cebola são apresentados no quadro 17.

A absorção de nutrientes pela cultura da cebola aumentou significativamente com a adição de adubos orgânicos e fertilizantes químicos, juntamente com biofertilizantes, em relação ao controlo. A absorção de nutrientes foi significativamente maior nas parcelas tratadas com vermicomposto ou estrume de quinta e fertilizante químico juntamente com PSB e *Azotobacter*. A aplicação de 50% de N através de vermicomposto + 25% de N através de ureia + PSB + *Azotobacter* (T_6) aumentou a absorção de N em 34,7%, 71.6%, 147% e 217% em relação aos tratamentos T_5 (50% N através de FYM + 25% N através de ureia + PSB + *Azotobacteij*, T_4 (50% N através de vermicomposto + 50% N através de ureia), T_3 (50% N através de FYM + 50% N através de ureia), T_2 (100% N, P, K), respetivamente. Os valores correspondentes aos aumentos no caso da absorção de P foram de 25,98%, 76,6%, 105% e 245% em relação aos tratamentos T_5 , T_4 , T_3 e T_2 , respetivamente. **Desai *et al.* (2009) verificou** que a aplicação de PSB é eficaz na absorção de fósforo, se utilizada com a combinação de adubos orgânicos. No caso da absorção de K, o aumento correspondente foi de 32,7%, 72,28, 121% e 224% no tratamento T_6 em relação aos tratamentos T_5 , T_4 , T_3 e T_2 , respetivamente. Da mesma forma, a absorção de S aumentou significativamente sob T_6 em 43,8%, 65,5%, 128% e 270% sobre os tratamentos T_5 , T_4 , T_3 e T_2 , respetivamente. A melhoria substancial da absorção de nutrientes indica a necessidade de integração das fontes de fornecimento de nutrientes para a cultura da cebola e também para a melhoria global das propriedades físico-químicas e do ambiente biológico do solo. Estes resultados corroboram as conclusões de **Sharma *et al.* (2003)** e **Sharma *et al.* (2009)**.

Tabela 17: Efeito do uso integrado de adubos orgânicos, fertilizantes inorgânicos e biofertilizantes na absorção total de nutrientes (kg ha^{-1}) pela cebola.

Treatment	Nutrients uptake (kg ha^{-1}) by onion.			
	N	P	K	S
T$_1$	22.1	3.223	14.84	3.533
T$_2$	46.6	7.033	30.48	8.27
T$_3$	59.7	11.803	44.68	13.413
T$_4$	86.2	13.913	57.45	18.493
T$_5$	109.8	19.283	74.59	21.283
T$_6$	148.0	24.293	98.98	30.61
SEm (±)	7.5729	0.8469	4.5211	1.4035
CD (P=0.05)	16.87	1.886	10.07	3.13

CAPÍTULO 5

RESUMO E CONCLUSÃO

Foi iniciada uma experiência de campo com a cultura da cebola em Inceptisols (Udic Ustochrept) do distrito de Varanasi durante a estação Rabi (2009) para estudar o "Efeito da utilização integrada de adubos orgânicos, fertilizantes químicos e biofertilizantes nas propriedades do solo, crescimento e rendimento e absorção pela cultura da cebola. A experiência foi conduzida num esquema de blocos aleatórios (RBD) com três repetições. Diferentes propriedades físico-químicas do solo, nomeadamente carbono orgânico, N disponível, P disponível, K disponível, S disponível, pH do solo, CE, densidade aparente, capacidade de retenção de água foram avaliadas aos 30 DAT, 60 DAT e na colheita da cultura da cebola. Foram também medidos os parâmetros da planta, como a altura da planta, o peso do bolbo, o diâmetro do bolbo e o rendimento da cebola, bem como o teor de nutrientes (N, P, K e S). Os resultados do estudo são resumidos a seguir

(i) . O teor de carbono orgânico das parcelas de cebola mostrou uma tendência decrescente com o avanço das fases de crescimento. A influência dos diferentes tratamentos consistiu na utilização integrada de adubos orgânicos, fertilizantes químicos e biofertilizantes, que podem ser organizados na ordem de $T_6 > T_5 > T_4 > T_3 > T_2 > L$ e os valores variaram de 0.58 a 0,621, 0,542 a 0,583, 0,521 a 0,565, 0,503 a 0,549, 0,478 a 0,517 e 0,432 a 0,483 % nos respectivos tratamentos.

(ii) . Os valores de azoto disponível para os tratamentos $T^\wedge T_2$, T_3 , T_4 , T_5 e T_6 foram 228.6, 236.8, 241.7, 255.6, 262.8 e 276 kg ha^1 aos 30 DAT, e 202.6, 205.6, 213.8, 233.8, 241.9 e 248.6 kg ha^1 sob os respectivos tratamentos. A aplicação de 50% de N através de vermicomposto + 25% de N através de ureia + PSB + *Azotobacter* registou um teor de azoto disponível significativamente mais elevado em comparação com as parcelas que foram tratadas apenas com vermicomposto ou estrume de quinta juntamente com fertilizante químico.

(iii) . O teor de fósforo disponível nas parcelas de cebola mostrou uma tendência decrescente desde o transplante até à colheita. A aplicação de vermicomposto + fertilizante N com PSB e Azotobacter aumentou significativamente o fósforo disponível nas parcelas de cebola de 18,5 para 24,6 kg ha^{-1} aos 30 DAT, 16,2 para 22,4 kg ha^{-1} aos 60 DAT e 13,1 para 19,7 kg ha^{-1} na colheita.

(iv) . O teor de potássio disponível do solo foi encontrado na mesma ordem que o teor de carbono orgânico, o teor de N disponível e o teor de P disponível do solo. Os valores do teor de K disponível no solo variaram entre 214,67 a 184,6, 220,67 a 192,6, 225,67 a 197,5, 231 a 201,4, 248,30 a 216,6 e 257,67 a 230 kg ha^{-1} a partir dos 30 DAT até ao fim da experiência sob T_i, T_2, T_3, T_4, T_5 e T_6 respetivamente. O tratamento T_6 registou um aumento significativo do teor de K disponível em relação a todos os outros tratamentos.

(v) . A aplicação integrada de adubos orgânicos, fertilizantes inorgânicos e biofertilizantes mostrou uma variação significativa no teor de enxofre disponível. A influência de vários tratamentos no teor de enxofre disponível do solo pode ser organizada na ordem $T_6 > T_5 > T_4 > T_3 > T_2 > T_1$ e os valores variaram de 12.13 a 16,76 kg ha^{-1}, 10,07 a 14,4 kg ha^{-1}, 8,98 a 13,23 kg ha^{-1}, 6,98 a 11,9 kg ha^{-1}, 6,47 a 10,95 kg ha^{-1} e 50,54 a 10,3 kg ha^{-1} nos respectivos tratamentos.

(vi) . No que diz respeito ao pH do solo, os valores variaram entre os 30 DAT e a conclusão da experiência de 7,6 a 7,9, 7,4 a 7,8, 7,3 a 7,7, 7,2 a 7,6, 6,8 a 7,3 e 6,6 a 6,9 nos tratamentos T_{1s} T_2, T_3, T_4, T_5 e T_6 respetivamente. O pH do solo foi significativamente mais baixo com a adição de adubos orgânicos em comparação com o fertilizante químico sozinho em todas as fases de crescimento.

(vii) . A condutividade eléctrica do solo sob a cultura da cebola, estimada em várias fases de crescimento, foi a mais elevada (0,32 dSm^{-1}) com o controlo e a mais baixa (0,25 dSm^{-1}) com a aplicação de 50 % de N através de vermicomposto + 25% de N através de ureia + PSB + *Azotobacter*.

(viii) . Os resultados revelaram que a densidade aparente das parcelas de cebola sob vários tratamentos variou de 1,27 a 1,5 g cm-3. Como é evidente a partir dos resultados, a aplicação de adubos orgânicos diminuiu significativamente a densidade aparente do solo em comparação com o fertilizante químico isolado e foi registada uma densidade aparente significativamente mais baixa nas parcelas que receberam 50% de N através de vermicomposto + 25% de N através de ureia + PSB + *Azotobacter*.

(ix) . A adição de adubos orgânicos aumentou significativamente a capacidade de retenção de água do solo em relação ao fertilizante inorgânico sozinho. O efeito dos diferentes tratamentos sobre a capacidade de retenção de água foi encontrado na ordem $T_6 > T_5 > T_4 > T_3 > T_2 > L$ e os valores da capacidade de retenção de água do solo variaram de 52,5 a 47,6, 51,0 a 47,4, 48,8 a 44,8, 48,2 a 44,5, 47,5 a 43,2 e 45,6 a 41,2 sob os respectivos tratamentos.

(x) . Em geral, a planta mais alta (51,9cm), maior peso de bolbo (177g), maior diâmetro de bolbo (7,87cm) e maior rendimento de cebola (74.85 q ha^{-1}) foram obtidos sob T_6 (50% N através de vermicomposto + 25% N através de ureia + PSB + *Azotobacter*) seguido por T_5 (50% N através de FYM + 25% N através de ureia + PSB + *Azotobacter)*, T_4 (50% N através de vermicomposto + 50% ureia N), T_3 (50% N através de FYM + 50% ureia N), T_2 (100% NPK através de fertilizante químico) e Ti (controlo).

(xi) . O efeito do tratamento no teor de azoto, fósforo, potássio e enxofre no bolbo de cebola e na absorção pelo bolbo de cebola foi encontrado na ordem $T_6 > T_5 > T_4 > T_3 > T_2 > Ti$. Registou-se um efeito significativo da utilização integrada de adubos orgânicos, fertilizantes químicos e biofertilizantes no teor e absorção de N, P, K e S pelo bolbo de cebola.

Com base nestes resultados, pode concluir-se que a utilização integrada de adubos orgânicos (vermicomposto e FYM) juntamente com fertilizantes químicos e biofertilizantes (PSB e *Azotobacter*) pode substituir as necessidades de azoto das plantas em 25% e aumentar significativamente o rendimento, o teor e a absorção de N, P, K e S pela cebola em relação à utilização exclusiva de fertilizantes químicos. As parcelas que receberam vermicomposto ou FYM e fertilizantes químicos com biofertilizantes mostraram uma melhoria significativa na fertilidade residual do solo. Também se pode concluir que a aplicação de vermicomposto com biofertilizantes tem um bom desempenho em relação ao FYM com os mesmos biofertilizantes. Em geral, a utilização de PSB e *Azotobacter* com vermicomposto ou FYM aumenta o rendimento e reduz a dose de fonte de azoto inorgânico em um quarto. **Sharma *et al.* (2009)** também relataram a superioridade do vermicomposto sobre a FYM.

CAPÍTULO 6

BIBLIOGRAFIA

Agrawal, D. e Sanoria, C.L. 1978. Preliminary testing of strains of *Azotobacter chroococcum* *for* their suitability as seed inoculants. *Science and Culture,* 44: 318-319.

Asija, A.K.; Pareek, R.P.; Singhania e Singh, R.A. 1984. Effect of method of preparation and enrichment on the quality of manure (Efeito do método de preparação e enriquecimento na qualidade do estrume). *J. Indian Soc. Soil Sci.,* 32 (2): 323-329.

Babu, S; Marimuthu, R.; Manivannam, V. e Kumar, S.R. 2001. Effect of organic and inorganic manners on growth and yield of rice-crop Research, 22(2):334-335.

Badgire, D.R. e Bindu, K.J. 1976. Efeito da inoculação *de sementes de Azotobacter* no trigo. *Madras Agric. J.,* 63 (11-12): 603-605.

Baskar, K. 2003. Efeito da utilização integrada de fertilizante inorgânico e FYM ou estrume de folhas verdes na absorção e eficiência da utilização de nutrientes do sistema arroz-arroz num Inceptisol. *Journal of the Indian Society of soil Science,* 51:47-51.

Berzegar, A.R.; Youseti, A. e Daryashenas, A. 2002. O efeito da adição de diferentes tipos de material orgânico nas propriedades físicas do solo e no rendimento do trigo. *Plant and Soil* 247(2): 295-301.

Bhandari, A.L.; Sood, A.; Sharma, K.N.; Rana, D.S. e Anil, S. 1992. Integrated nutrient management in a rice wheat cropping system (Gestão integrada de nutrientes num sistema de cultivo de arroz e trigo). *Journal of the Indian Society of soil Science,* 40:742-747.

Bhattachrya, H.C.; Saikia, L. e Pathak, A.K. 1992. Mistura de orgânicos e inorgânicos para uma produtividade sustentada do arroz. Resumo publicado. No Simpósio Nacional sobre Gestão de Recursos para a produção sustentada de culturas, 48.

Bhardwaj, V. e Omanwar, P.K. 1994. Long-term effect of continuous rotational cropping and fertilization on crop yield and soil properties-IL Effect on EC, PH, organic matter and available nutrients of soil. *Journal of the Indian Society Soil Science,* 42: 387-392.

Bernard, U.V. 1963. Excreção de NH_3 no processo de fixação do azoto atmosférico por *Azotobacter Agro. Bio,* (3): 330-332.

Brown, M.E.; Burlingham, S.K. e Jackson, R.M. 1962. Studies on *Azotobacter* species in soil I. comparison of media and techniques for counting *Azotobacter in soil. Plant and Soil,* 17: 320-332.

Chesnin, L. e Yien, C.H. 1950. Determinação turbidimétrica de sulfatos disponíveis. *Soil Science Society of America Proceedings,* 15:149-151.

Datt, N.; Sharma, R.P. and Sharma, G.D. 2003.Effect of supplemenary use of farmyard manure along with chemical fertilizers on productivity and nutrient uptake by vegetable pea(*Pisum sativum* var *arvense)* and build up of soil fertility in Lahul valley of Himachal Pradesh. *Indian Journal of Agricultural Sciences,* 73: 266-268.

Debek-Szreniawska, M.; Sokaolowska, Z.; Wyczolkowski, A.L; Hajnos, M. e Kus, J. 2002. Mudanças biológicas e físico-químicas no luvisol órtico em relação ao sistema de cultivo. *International Agrophysics* 16(1): 15- 21.

Debnath, A.; Das, A.C. e Dutta, D.K. 1991. Contribuição de fungos e bactérias na decomposição da folhagem Applied and Environmental Microbiology, 70(9): 5226-5273.

Desai, R.M.; Patel, G.G.; Patel, T.D. e Das, A. 2009. Effect of integrated nutrient supply on yield, nutrient uptake and soil properties in rice-rice crop sequence on a Vertic Haplustepts of south Gujarat. *Journal of the Indian Society Soil Science,* 57(2): 172-177.

Dhingra, K.K.; Gill, B.S.; Singh, Jagroop e Chahal, V.P.S. 1979. Effect of *Azotobacter* inoculation, F.Y.M. phosphorus and nitrogen levels on yield of wheat. *Indian Journal of Agronomy,* 24 (4): 405-409.

Dubey, S.K.; Sharma, R.S. e Vishwakarma, S.K. 1997. Integrated nutrient management for Sustainable productivity of important cropping systems in Madhya Pradesh. *India Journal of,* 42:13-17.

Elgala, A.M.; Ishac, Y.Z.; Monem, M. Abdel e El-Ghandour, 1995. Efeito da inoculação simples e combinada com *Azotobacter* e fungos micorrízicos VA no crescimento e conteúdo de nutrientes minerais de plantas de milho e trigo. *Environ. Impact Soil Compon. Interact.,* 2 :109-116.

Gupta, B.R. e Bajpai, P.D. 1974. Alguns estudos microbiológicos em solos afectados por sal. Padrão da população microbiana do solo afetado pela salinidade e alcalinidade. *J. Indian Soc. Soil Sci., 22* (2): 176-180.

Gupta, R.D. e Tripathi, B.R. 1986. Capacidade de fixação de nitrogénio de bactérias não simbióticas em alguns. Solos do Nordeste dos Himalaias. *J. Indian Soc. Soil Sci.,* 34(2): 264-270.

Gupta, A.P.; Narwal, R.P. e Antil, R.S. 1993. Effect of different levels of phosphorus and sewage sludge on wheat (Efeito de diferentes níveis de fósforo e lamas de depuração no trigo). *Journal of the Indian Society Soil Science,* 41: 304-306.

Hanway, J.J e Heidel, H. 1952. Método de análise do solo utilizado no laboratório de análises do solo da Faculdade Estadual de Lawa. *Boletim da Faculdade de Agricultura de Low State,* 57: 1-13.

Jackson M.L. 1967. Soil Chemical Analysis Practice Hall of India (P) Ltd, New Delhi.

Jackson M.L. 1973. Soil Chemical Analysis Practice Hall of India (P) Ltd, New Delhi.

Kisic, I., Basic, M.M. e Butorac, A. 2002. Eficiência da fertilização mineral e orgânica e da calagem do milho e do trigo de inverno em crescimento. *Agriculture conspectus Scientifics,* 67(1): 29-37.

Kristoponyte, I. 2000. Efeito do sistema de fertilização no equilíbrio de nutrientes e nas propriedades agro-químicas do solo. *Procedimentos do seminário regional do IPI.*

Lituânia, 195-201.

Kumar, M.; Singh, R.P. e Rana, N.S. 2003. Efeito da fonte orgânica de nutrição na produtividade do arroz. *Indian Journal of Agronomy,* 48 (9): 175-177.

Kumar, S.; Rawat, C.R.; Dhar, S. and Rai, S. (2005) Dry-matter accumulation, nutrient uptake and changes in soil-fertility status as influenced by different organic and inorganic sources of nutrients to forage sorghum *(Sorghum bicolor). Jornal Indiano de Ciências Agrícolas,* 75: 340-342

Lehri, L.K.; Tiwari, V.N. e Pathak, A.N. 1986. Response of high yielding rice varieties to *blue green algae* and *Azotobacter* inoculation *(*Resposta de variedades de arroz de alto rendimento à inoculação *com algas verdes azuis* e *Azotobacter*): 196-197 (Ed. R. Singh *etal.).*

Lehri, L.K. e Mehrotra, C.L. 1972. Efeito da inoculação *de Azotobacter* no rendimento de culturas hortícolas. *Indian Journal Agriculture Research,* 6 (3): 2001-2004.

Mandal, S. e Adhikari, J. 2005. Effect of integrated nitrogen management of growth and yield of rice, Agricultural Science Digest, 25 (2): 136-138.

Marathe, R.A. e Bharambe P.R. 2007. Correlação das cargas induzidas pela gestão integrada de nutrientes nas propriedades do solo com o rendimento e a qualidade do arranjo doce em Udic Heplustert. *Journal of the Indian Society of Soil Science,* 55(3), 270-275.

Mohanty. S.K.; Bhadrachalam, A. e Samantaray, R.N. 1992. Efeitos da gestão de nutrientes a longo prazo nas propriedades químicas do solo e na sustentabilidade do sistema arroz-arroz. *Documento apresentado no Seminário ICAR-IRRI sobre Estratégia de Gestão de Nutrientes a Longo Prazo para a Sustentabilidade dos Sistemas de Cultivo à Base de Arroz.* Realizado de 14 a 17 de dezembro de 1992 no IARL de Nova Deli.

Mozzherin, N.M. 1978. Efeito de suplementos orgânicos no processo de fixação biológica de azoto no solo e na produção de substâncias fisiologicamente activas. *Izv. Sib. Akad. Nauk. SSSR Ser: Biol, Nauk,* 5 (1): 23-26.

Negi, M., Sadasivam, K.V. e Tilak, K.V.B.R. 1986. Dinâmica da população microbiana na rizosfera da cevada *(Hordeum-vulgare)* influenciada pela inoculação com *Azotobacter chroococcum* e

Azospirillum brasilense em solos com aditivos orgânicos. *Indian J, Microbial,* 26(1 ou 2): 62-67

Mukherjee, D.; Das, A.C. e Dutta, D. K. 1991. Efeito da decomposição da matéria orgânica sobre as actividades dos microrganismos e a disponibilidade de azoto, fósforo e enxofre no solo. *Environmental and Ecology* 6, 1002.

Nambiar, K.K.M.; Soni, P.N.; Yats, M.R.; Sehgal K. e Mehtra, D.K. 1992. Relatório anual de 1987-1988 a 1988-89. Projeto de investigação coordenado por toda a Índia sobre experiências de fertilizantes a longo prazo. *Conselho de Investigação Agrícola da Índia, Nova Deli.*

Oblisami, G.; Natarajan, T. e Balaraman, K. 1976. Efeito de *Azotobacter* na cultura do arroz. *Madras Agric. J.,* 63: 590-594.

Olsen, S.R.; Cale, C.V.; Watanble, F.S. e Dean, L.A. 1954. Estimativa do fósforo disponível no solo por extração com bicarbonato de sódio. *Cire. Departamento de Agricultura dos EUA,* 939.

Omvan, M.S.; El-Shinnawi, M.M. e Afifi, S.E. 1979. O efeito da adubação e de diferentes fertilizantes azotados na matéria seca e no teor e forma de azoto em plantas de fava e cevada. *Beitrogzur Tropischen Lan Dwirts Chaft e Veterinar medezin.*

Pandey, N.; Verma A.K.; Anurag e Tripathi, R.S. 2007. Gestão integrada de nutrientes em arroz híbrido transplantado *(Oryza sativa). Indian Journal of Agronomy,* 52: 40-42.

Pillai, K.G.; Kundu, D.K. e Subbaich, S.V. 1990. An integrated approach to nutrient management in rice. *Indian Farming,* 41:15-18.

Prasad, B. e Rokima, J. 1991. Gestão integrada de nutrientes-1. Fração de azoto e sua disponibilidade em solo calcário. *Journal of the Indian Society Soil Science,* 39: 693-698.

Prasad, B.; Prasad, J. e Prasad, R. 1995. Gestão de nutrientes da produção sustentável de arroz e trigo em solo calcário alterado com adubos verdes, adubos orgânicos e Zink. *Fertilizer News,* 40: 39-45.

Raghuwansi, K.S.; Pawar, K.B. e Patil, J.D. 1997. Efeito dos biofertilizantes e dos níveis de azoto no rendimento e na economia de azoto no painço de pera em condições de sequeiro. *Madras Agric.J,* 84(11-12): 656-658.

Ramaswami, P.P. 1999. Recycling of agricultural and agro industry wastes for sustainable agricultural production (Reciclagem de resíduos agrícolas e agro-industriais para uma produção agrícola sustentável). *Journal of the Indian Society Soil Science,* 47: 661-665.

Ramchandra, G. e Rai, P.V. 1987. Efeito de *Azotobacter chroococcum* e *Glomus fasciculatum* no crescimento e rendimento de Brinjal *(Solanum melongina* L.). *Indian J. Microbial,* 27 (1-4): 78-80.

Rao, K.S.; Moorthy, B.T.S. e Paddia, C.R. 1996. Efficient nitrogen management for sustained productivity in low land rice *(Oryza sativa). Indian Journal of Agronomy,* 41: 215-220

Santhy, P., Jayasree Sankar, S., Mathurel, P. e selni D. 1998. Experimento de fertilizante de forma longa status da fração de N, P e K no solo. *Jornal da Sociedade Indiana de Ciência do Solo,* 46: 395-398.

Sharma, A.R. e Mitra, B.N. 1990. Efeito complementar do fertilizante orgânico, bio-orgânico e mineral no sistema de cultivo de arroz. *Fertilizer News,* 43-51.

Sharma, A.C. e Bordoloi, P.K. 1994. Decomposição de matéria orgânica no solo em nutrição para mineralização de carbono e disponibilidade de nutrientes. *Journal of the Indian*

Society Soil Science, 42:199-203.

Sharma, R.P.; Datt, N. e Sharma, Pritam K. 2003. Aplicação combinada de azoto, fósforo e potássio e FYM na cebola (Allium cepa) em colinas altas, condições temperadas secas do noroeste dos Himalaias. Indian Journal of Agriculture Sciences 73: 225-227.

Sharma, V.; Kanwar, K. e Dev, S.P. 2004. Efficient recycling of obnoxious weed plant (Lantana camara L.) and Congress grass (Parthenium hysterphorus L.) as organic manure through vermicomposting. Journal of the Indian Society of Soil Science. 52:112-114.

Sharma, Sandeep; Dubey, Y.P.; Kaistha, B.P. e Verma, T.S. 2005. Effect of Rhizobium inoculation and phosphorus level on symbiotic parameters, growth and yield of French bean (Phaseolus vulgaris LJ in north-western acid Alfisol. Legume Research, 28:103-106,

Sharma, R.P.; Sharma, Akhilesh e Sharma, J.K. 2005. Produtividade, absorção de nutrientes, fertilidade do solo e economia afectados por fertilizantes químicos e FYM em brócolos (Brassica oleracea var italics) num EntisoL Indian Journal of Agricultural Sciences, 75: 576-579.

Sharma, R.P.; Datt, N. e Chander, G. 2009. Effect of vermicompost, FYM, and chemical fertilizers on yield and nutrient uptake and soil fertility in okra-onion sequence in wet temperate zone of Himachal Pradesh. Journal of the Indian Society of Soil Science, 57(3): 357-361.

Simon-Sylvestre, G. 1981. Efeito do azoto na formação de húmus a partir de palha incorporada no solo. Comptes Rendus Seances de 1 'Academic, d' Agriculture de France, 67(6) : 531-535.

Sivaswamy, S.N. e Mahadevan, A. 1986. Effect of tannins on Azotobacter. Indian J. Microbial, 26 (1 ou 2): 49-52.

Soni, M.L. e Singh, J.P. 1994. Nitrogen mineralization in sludge treated soils as influenced by temperature and soil water content. *Journal of the Indian Society of Soil Science.*

Sreenivas, C.; Murlidhar, S. e Rao, M.S. 2000. Vermicomposto: Um componente viável do IPNSS na nutrição azotada da cabaça de crista. *Annals of Agricultural Research,* 21: 537-542.

Subbiah, B.V. e Asija, G.L. 1956. Um procedimento rápido para a estimativa do azoto disponível no solo. *Ciência atual,* 25: 259.

Tiwari, A.; Dwiwedi, A.K. e Dikshit, P.R. 2002. Long term influence of organic and inorganic fertilization on soil fertility and productivity of soybean, wheat system in a Vertisols. *Journal of the Indian Society of Soil Science,* (4): 472-475.

Tolanur e Badanur, V.P. 2003. Alterações no carbono orgânico, N, P e K disponíveis sob o uso integrado de adubo orgânico, adubo verde e fertilizante na produtividade sustentável do sistema de milheto-pombo e na fertilidade de um sistema de cultivo de ervilha InceptisoL *Journal of the Indian society of soil Science,* 51: 37- 41.

Tran, T.S. e Buresh, R.L 1994. Gestão da ureia para arroz transplantado em terras baixas, afetada pela aplicação de estrume de quintal. *Investigação sobre Fertilizantes,* 39: 1993-2003

Vasanthi, D. e Kamaraswamy, K. 1999. Eficácia do vermicomposto para melhorar a fertilidade do solo e o rendimento do arroz. *Journal of the Indian Society of Soil Science,* 268-272.

Wani, S.P. e Sinde, P.A. 1980. Estudos sobre a decomposição biológica da palha de trigo, incorporação da palha de trigo e do seu decompositor microbiano no rendimento do amendoim seguido do trigo. *Planta e solo,* 55(2): 235-242.

Walkley, A. e Black, LA. 1934. Estimation of soil organic carbon by the chromic acid titration method. *Soil Science,* 37: 29.

Yadav, R.S.; P.C. e Dharma, A.K. 2003. Sistema integrado de gestão de nutrientes para a cultura do feijão-mungo na região árida. *Revista Indiana de Agronomia,* 48 (1): 23-26.

Yaduvanshi, H.S. Tripathi, B.R. e Kanwar, B.S. 1985. Efeito da adubação contínua nas mesmas propriedades do óleo de um Alfisol. *Journal of the Indian Society of Soil Science,* 33: 700-703.

Zenda, G.K. 1968. Melhoria do solo salino e alcalino em Maharashtra. Boletim de Investigação 13. *Departamento de Agricultura, Maharashtra.*